KE-Jetronic

(Die kontinuierliche elektronische Einspritzung von Bosch)

Die KE-Jetronic Fluch oder Segen? Ich für meinen Teil bin der Meinung das diese von Bosch in den frühen 80er entwickelte kontinuierliche elektronisch gesteuerte Einspritzung einen schlechteren Ruf genießt als der Technik an sich gerecht wird.

Die KE ist eine Weiterentwicklung der K-Jetronic und steuert die Kraftstoffeinspritzung anhand elektronischer Parameter und zählt bis heute zu den unempfindlichsten Einspritzanlagen überhaupt.

Durch die mechanisch gestützte Einspritzung funktioniert das System auch bei einem Ausfall des Steuergerätes allerdings dann ohne die elektronische Steuerung, dies ist wohl der Hauptgrund, warum dieses System trotz der vielen möglichen Ursachen durch defekte Bauteile, Falschluft und/ oder falscher Signale und der damit zusammenhängende unrunder Motorlauf im Prinzip noch funktioniert und das Fahrzeug nicht sofort stehen bleibt.

Auch wenn die komplette elektronische Steuerung ausfällt, fährt das Fahrzeug noch im Notlaufprogramm und in vielen Fällen besser als mit durch falsche Signale oder defekter Bauteile irritierter elektronischer Steuerung.

Wenn das Sterugerät der KE ausfällt, hat man im Grunde wieder eine K-Jetronic und das Fahrzeug läuft rein mit einer mechanischen Einspritzung.

Als erstes müssen wir das Grundprinzip der KE verstehen, dazu gehört das Zusammenspiel der für die Einspritzung verantwortlichen Komponenten, die meisten Werkstätten kennen sich mit dieser über 40 Jahre alten komplexen Technik nicht mehr aus, dabei ist die Prüfung des Systems oftmals gar nicht so schwer und Fehler lassen sich in der Regel auch leicht beheben, wenn man sich im Klaren ist, wo man suchen muss.

Dieses Buch dient als Hilfe und als Ergänzung zu den allgemeinen Werkstattunterlagen für die jeweiligen Mercedes Modelle, die KE-Jetronic kam auch in anderen Fahrzeugen zum Einsatz. Die Vielfalt der Fahrzeuge mit dieser Einspritzmethode ist zu groß, um alles abdecken zu können. Die hier gezeigten Prüf- und Reparaturanleitungen beziehen sich bei den genannten Messbeispielen auf Fahrzeuge der Marke Mercedes Benz. Für die Durchführung der Prüfungen werden gewisse Grundkenntnisse vorausgesetzt und Fertigkeiten vorausgesetzt. Die in diesem Buch gezeigten Abbildungen wurden von mir selbst erstellt und zeigen ausschließlich Komponenten aus Mercedes Fahrzeugen.

Vorwort und Einführung

Bevor man sich an die Einstellarbeiten der KE-Jetronic macht, müssen die Grundvoraussetzungen für einen ordnungsgemäßen Motorenlauf gegeben sein. Die Motorfunktion und die Zündung.

Die Zündung

Das Kraftstoffluftgemisch wird zum richtigen Zeitpunkt im Kolben entzündet, für einen korrekten Motorlauf müssen die Kolben und Ventile dicht sein, die Abstimmung zwischen Nockenwelle zur Kurbelwelle müssen passen und auch die Ansaugbrücke muss dicht sein. Für die Prüfungen in diesem Buch wird ein korrekter Motorenlauf vorausgesetzt. Alle Komponenten der Zündung sind vor der eigentlichen Prüfung der KE-Jetronic zu prüfen. Hier bei der KE-Jetronic sind es die Zündkerzen, Zündspule, Zündkabel und das Zündsteuergerät.

1. Die Zündkerzen: sind die richtigen Zündkerzen eingesetzt?

Anhand vom Zündkerzenbild (Elektrode) können Rückschlüsse auf die Gemisch Zusammensetzung folgen.

2. Kommt an jeder Zündkerze ein Funke an?

3. Wie hoch ist der Widerstand der einzelnen Zündkabel?

4. Arbeitet die Zündspule korrekt? Verteilerkopf gebrochen? Kontakte sauber? Unterbrecher korrekt eingestellt? Vorwiderstand in Ordnung?

5. Zündsteuergerät in Ordnung?

Später in diesem Buch werden zur Prüfung der Zündung noch Methoden angesprochen.

Motorkompression

Bevor wir uns genauer mit der KE-Jetronic beschäftigen, sollten wir vorab die Motorkompression prüfen. Die Werte pro Zylinder und die maximalen Abweichungen stehen zum jeweiligen Motor in den Werkstattunterlagen. In der Regel werden bei 6 und 8 Zylinder Motoren Werte zwischen 10-12 Bar vorgegeben, wobei die höchste Abweichung nicht mehr als 1,5 Bar betragen darf.

Komponenten der KE-Jetronic und ihre Funktion

Teil I (Kraftstofffluss)

Bevor wir uns in die Tiefen des Motorraumes begeben, rollen wir das Feld von hinten auf und begeben uns unter das Fahrzeug auf die rechte Seite ungefähr auf Höhe des rechten Hinterrades. Mercedes typisch befindet sich hier unsere Kraftstoffpumpe mit Filter und Druckspeicher oder bei den M117 Motoren die Kraftstoffpumpen unter einer Kunststoffabdeckung.

Bei der KE fördert die Kraftstoffpumpe unabhängig vom Betriebszustand immer mehr Sprit als das System benötigt, die Verteilung regelt der Mengenteiler in Abhängigkeit von der Auslenkung der Stauscheibe und vom Betriebszustand. Der Mengenteiler (MT) hat sich im Gegensatz zur K- und KA-Jetronic etwas verändert. Der MT hat einen elektronisch gesteuerten Drucksteller erhalten (Bild). Dieser Drucksteller (EHS elektrohydraulisches Stellglied) wird vom KE-Steuergerät angesteuert und regelt den Unterkammerdruck im MT und dadurch das Gemisch selbst.

Der MT bei der KE-Jetronic versorgt das Kaltstartventil nun mit dem mittleren oberen Anschluss am MT.

Beim Einschalten der Zündung Stufe 2 startet das Pumpenpaket und die Pumpe oder Pumpen fangen an Kraftstoff zu fördern, der Druckspeicher (Bild 1) sorgt nach dem Abstellen, das im System für einen erneuten Start genügend Kraftstoff vorhanden ist. Hier kommen wir jetzt gleich zu einem häufig auftretenden Problem – schlechte Warmlaufeigenschaften – man stellt das Fahrzeug, nachdem es die Betriebstemperatur erreich hat für eine längere Zeit (über 10-15 Minuten) ab, beim erneuten Startversuch im betriebswarmen Zustand lässt sich der Wagen nur nach mehreren Versuchen mit gehörigem „Orgeln" starten.

Ursache – Der Druckspeicher am Pumpenpaket (Bild 1) hält den Kraftstoffdruck nicht mehr über die vorgeschriebene Zeit. Die Zuschaltung des Kaltstartventils wird von einem Thermosensor gesteuert, welcher i.d.R. bei einer Temperatur über 35° C das Kaltstartventil deaktiviert, wenn nun der Druckspeicher den Kraftstoffdruck nicht mehr halten kann, fehlt der benötigte Kraftstoff für den Warmstart.

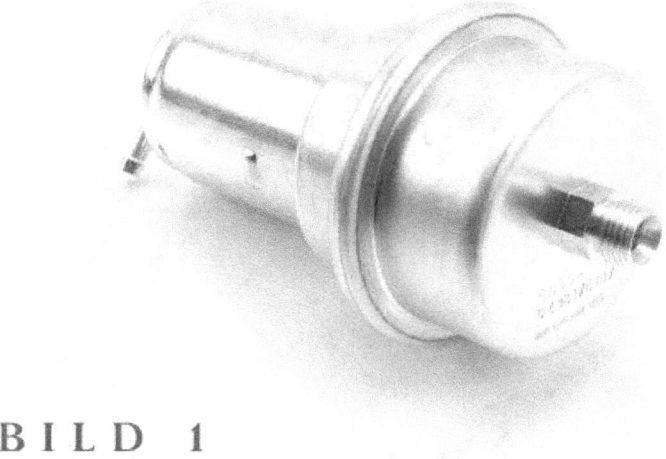

BILD 1

Das komplette Kraftstoffsystem sollte regelmäßig gewartet werden, verdreckte Kraftstofffilter, undichte Leitungen, defekte Pumpen oder ein defekter Druckspeicher führen immer zu einer Beeinträchtigung der Zuverlässigkeit des gesamten Systems oder, was deutlich gefährlicher ist, zu erhöhter Brandgefahr.

Allgemeinen   **Sicherheitshinweise**

Die Prüfungen und Reparaturen an Kraftfahrzeugen erfordern besondere Fachkenntnisse! Die hier gezeigten Beiträge und Prüfmethoden ersetzen keinesfalls die Fachliteratur und Hersteller Werkstattunterlagen.

-        Bei der elektrischen Zündanlage entstehen hohe Spannungen, diese können zu schweren Verletzungen bis hin zum Tod führen.

- Bei laufenden Motoren drehen sich Viscolüfter und eventuelle Zusatzlüfter. Körperteile, Leitungen, Kabel, Messinstrumente und Werkzeuge sind im geeigneten Abstand zu drehenden Teilen zu platzieren.

- Ottokraftstoff ist leicht entzündlich! Offenes Licht und Rauchen vermeiden.

- Benzin, Öle und Fette können zu Hautreizungen führen! Die Haut mit entsprechender Arbeits- und Sicherheitskleidung schützen.

- Bei Prüfungen des Kraftstoffsystems insbesondere beim An- und Abschließen von Kraftstoffleitungen die Augen vor Spritzern schützen.

- Beim An- und Abschließen von Messinstrumenten kann es zu Kurzschlüssen kommen! Diese Kurzschlüsse können Komponenten der Anlage beschädigen.

- Der Kühlmittelkreislauf steht unter Druck. Das Kühlmittel erreicht Temperatur von über 100° C. Verbrennungsgefahr, beim Öffnen des Kühlmittelausgleichsbehälter und Abschließen von Kühlmittelschläuchen, kann es durch heiße Spritzer zu Verletzungen kommen.

- Fahrzeuge sind vor ungewolltes Wegrollen zu sichern! Bei Automatik Getriebestellung N und Auskupplung Manual Schaltgetriebe mit geeigneten Unterlegkeile.

Vorrausetzungen und Parameter

Bevor irgendwelche elektronische Komponenten überprüft und eingestellt werden können, müssen die mechanische Gegebenheiten stimmen und die Zündeinheiten funktionieren:

Keine Falschluftquellen

Alle Unterdruckschläuche sind i.O. und an der richtigen Stelle angeschlossen, alle Gummiverbindungen sind i.O. und weder rissig noch porös. Die Unterdruckversorgung zu den einzelnen Endverbrauchern kommt von der Ansaugbrücke, von dort verläuft eine transparente oder eine beige Unterdruckleitung zu den Endverbrauchern. Oftmals teilt sich diese Leitung und versorgt gleichzeitig mehrere Verbraucher. Diese Leitungen kann man sehr leicht prüfen. Unterdruckleitung am Endverbraucher abziehen und bei laufendem Motor mit einem kleinen Stück Papier prüfen, ob das Stück Papier am abgeschlossenen Unterdruckschlauch gehalten wird. Bei einigen abgeschlossenen Unterdruckschläuchen kann sich die Motordrehzahl erhöhen bzw. verringern.

Zündung

Zündkabel alle richtig angeschlossen, Kontakte nicht korrodiert, Widerstand der Kabel nicht über 10 000 Ohm, besser 1 KOhm.

Zündverteiler i.O. und Zündzeitpunkt richtig eingestellt. Richtige Zündkerzen verschraubt.
Zündspule i.O. und alle Leitungen am Zündsteuergerät

angeschlossen.
Unterbrecherkontakt i.O. und der richtige Abstand eingestellt.

Kraftstoffversorgung

Kraftstoffpumpe/ Kraftstoffpumpen funktionieren und erreichen den richtigen Druck

Alle Kraftstoffleitungen sind frei und der Kraftstoff liegt vorne am Mengenteiler an. Die Anschlüsse am Mengenteiler sind mit einem innenliegenden Sieb versehen, diesen Anschluss mit Sieb unbedingt auf Verunreinigungen prüfen.

Einspritzdüsen sind i.O. und erreichen den richtigen Öffnungsdruck (ca. 3 bar).

Mechanische Grundeinstellungen

Die Stauscheibe verschließt den Trichter bei eingeschalteter Zündung Stufe 2, ohne direkt am Trichter anzuliegen.
Ist die Stauscheibe etwas geöffnet – Gasgestänge (Regulierungsgestänge) überprüfen, evtl. Gaszuggestänge etwas verlängern, Gaszug darf nicht unter Spannung sein.

Der korrekte Nullstand der Stauscheibe

Die Einstellung der Stauscheibe kann an der CO-Schraube vorgenommen werden (Bild 2). Die Einstellung sollte nur vorgenommen werden, wenn die Stauscheibe einmal im Nullstand falsche Werte aufweist und der Leerweg entweder zu gering oder den Toleranzwert übersteigt.

Prüfung der Stauscheibe

Luftfiltergehäuse abnehmen

Zündschlüssel auf Stufe 2 drehen, um Kraftstoffdruck aufzubauen (2-3x Zündung an und wieder aus, ohne den Motor zu starten)

Im Motorraum mit einem Messschieber (digital Bild3) den Abstand der Stauscheibe 0-Lage messen. Ausgehend von dem schwarzen Kunststoffteil mittig auf dem Steg sollte der Abstand zur Stauscheibe (Erhöhung auf der Scheibe) 30,1 – 30,5mm betragen.

Messung Leerweg, Kraftstoffdruck durch mehrmaliges Zündung Ein-/ Ausschalten wie zur Ermittlung der 0-Lage, Stauscheibe vorsichtig nach unten drücken bis sich ein Widerstand bemerkbar macht, Abstand zum Mittelsteg messen. Der Mehrweg zur Nulllage sollte zwischen 1,1 – 1,5mm liegen.

Bsp.: Bei einer 0-Lage von 30,2mm und einem Leerweg von 1,3mm, ist der Gesamtabstand, der gemessen wird, mittig ausgehend vom Kunststoffteil 31,5mm.

Übersteigt der Leerweg die 1,5mm so kann die Stellung mit der CO-Schraube korrigiert werden. Gummiabdeckung (falls vorhanden) entfernen und mit einem kleinen 3mm Sechskant die Schraube nach rechts drehen, wieder die Zündung mehrmals auf Stufe 2 und wieder auf 0 schalten und Messung wiederhohlen. Ist der Leerweg geringer als 1,1mm, Schraube nach links drehen.

Bild 3 zeigt die korrekte Messmethode ausgehend vom Mittelsteg (schwarzes Kunststoffteil) bis zur Erhöhung auf der Scheibe. *Video zum prüfen der Stauscheibe beim R107 Schrauber auf Youtube*

Prüfung der Einspritzdüsen

Einspritzdüsen sind unter anderem für ein gutes Startverhalten, einen ruhigen Motorenlauf, einen normalen Verbrauch und gute Beschleunigungswerte verantwortlich. Abhängig von der Motorisierung habe die Einspritzdüse einen bestimmten Öffnungsdruck, wird dieser Öffnungsdruck nicht erfüllt ist dies maßgeblich für einen unruhigen Motorenlauf und/ oder ein schlechtes Startverhalten verantwortlich. Die Einspritzdüsen können mit einem Prüfgerät getestet werden, hierbei wird jede einzelne Düse in das Prüfgerät geschraubt. Das Prüfgerät baut den Öffnungsdruck auf und die Einspritzdüse spritzt ein. Bei dieser Methode kann zum einen der Öffnungsdruck genau ermittelt werden und bei zu frühem Öffnen der Düse diese getauscht werden, zum anderen kann das Sprühbild betrachtet werden. In der Regel liegt der Öffnungsdruck der Einspritzdüsen bei ca. 3 bar, bei gebrauchten Düsen ist ein Wert bis 2,7 bar vertretbar, dennoch dürfen die Düsen nicht tropfen und das Strahlbild muss einen fein verstäubten Kraftstoffkegel bilden.

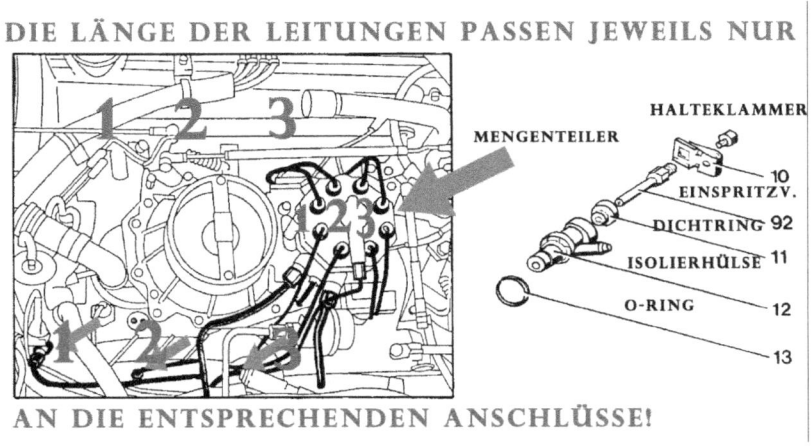

Nachfolgend sind fehlerhafte Sprühbilder aufgeführt:

Kraftstoff spritz nicht gleichmäßig ein, Verwirbelung

nach der Düse

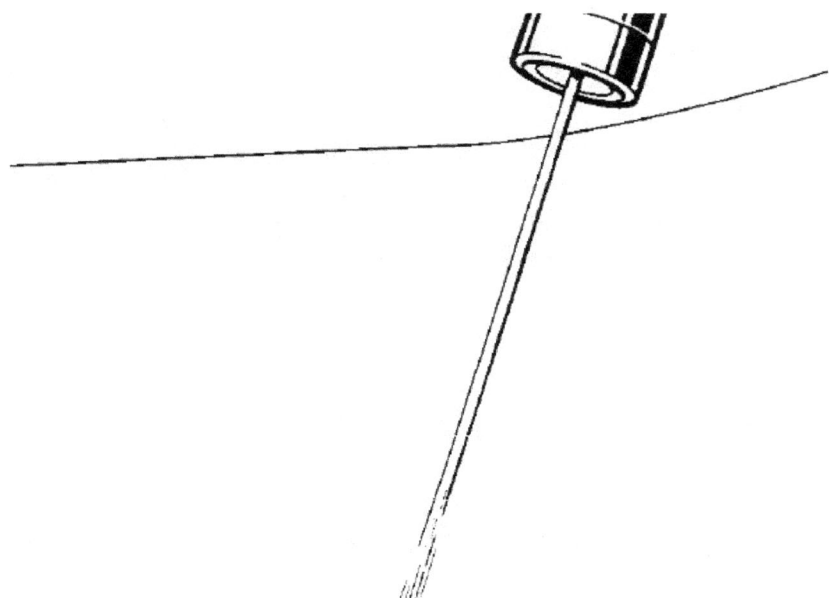

Kraftstoff spritzt strahlförmig ein.

Kraftstoff spritzt einseitig ein.

Korrekte Einspritzung, Kraftstoffstrahl ist gleichmäßig kegelförmig

Die Einspritzdüsen können bei Beanstandungen in einem Ultraschallbad gereinigt werden. Weicht der Öffnungsdruck zu stark ab (Werkstattunterlagen beachten), sind die Einspritzdüsen zu wechseln.

Der Ausbau, die Prüfung, die Reinigung der Einspritzschächte und den Einbau der Einspritzdüsen findet man beim R107 Schrauber auf YouTube.

Mit der Mengenvergleichsmessung können defekte Einspritzdüsen ermittelt werden, auch ohne ein Prüfgerät.

Als Vorbereitung zu dieser Prüfung sollten vorab die Kraftstoffleitungen vom Mengenteiler zu den Einspritzdüsen VOR den Einspritzdüsen gelöst werden.

1.   Die gelösten Kraftstoffleitungen werden in Messbecher gelegt.

2. Das Kraftstoffpumpenrelais wird gebrückt, d.h. eine   Verbindung zwischen Buchse 86 und 87 wird auf dem Sockel des KPRs hergestellt (die Belegung zum Brücken des KPRs ist abhängig von der Motorisierung und Baujahr, bitte Herstellerangaben beachten!). Durch die Verbindung der Buchse 86 und 87 läuft die Kraftstoffpumpe (n) an und der Kraftstoff wird vor den Mengenteiler befördert.

3. Alle Zuleitungen zu den Einspritzdüsen sind gelöst und in einem Messbecher. Nun wird die Stauscheibe gleichmäßig mit den Fingern ausgelenkt (etwas nach unten gedrückt), die Position der Stauscheibe muss für ca. eine Minute auf der gleichen Position gehalten werden. Sind nach dem Auslenken der Stauscheibe alle Messbecher gleich gefüllt ist der Mengenteiler soweit i.O.

4. Nun wird diese Prüfung wiederholt, allerdings mit angeschlossenen Einspritzdüsen und diesmal zeigen die Einspritzdüsen in die Messbecher.

5. Vorgang wiederholen, nun müssen nach dem Auslenken der Stauscheibe wiederrum alle Messbecher mit der gleichen Menge an Kraftstoff gefüllt sein. Sollte das nicht der Fall sein, defekte Düsen im Ultraschallbad reinigen ggf. erneuern.

Es ist wichtig die Prüfung vorab ohne Einspritzdüsen durchzuführen, um einen Mangel am Mengenteiler auszuschließen!

Der Leerlaufsteller

Der Leerlaufsteller (LLS) übernimmt bei geschlossener Stauscheibe im Stand die Luftversorgung des Motors. Der LLS umgangssprachlich auch „Zigarre" genannt befindet sich nach dem Viscolüfter und ist auch bei aufgesetztem Luftfilterkasten zu sehen (Bild 4 und 4a).

Im Inneren befindet sich eine Prallblatte, die je nach Betriebszustand des Motors die Luftzufuhr regelt. Der LLS ist wartungsarm, sollte aber bei Problemen mit der Leerlaufdrehzahl oder beim Absterben des Motors im Stand ausgebaut und überprüft werden. Zum Ausbau zieht man den 2-poligen Stecker (bei Zweiwicklungsdrehsteller 3 poligen Stecker) bei ausgeschalter Zündung ab, löst die Mutter der Halteschelle und schließt die Luftschläuche ab. Der komplette LLS kann mit Bremsenreiniger gesäubert werden. Zwischen Gehäuse und Prallplatte können starke Verkorkungen vorkommen, diese Verunreinigungen beeinträchtigen den Weg der Prallplatte.

Nach der Reinigung die Funktion im ausgebauten Zustand überprüfen, dazu ein Labornetzteil mit 12V anschließen und die Funktion der Prallplatte prüfen. Am Einwicklungsdrehsteller 2 poligen Anschlüsse entweder links oder rechts, am Zweiwicklungsdrehsteller 3 poligen Anschlüsse der Mittlere. Im eingebauten Zustand und bei laufendem Motor die Stromversorgung des LLS mit einem Multimeter prüfen.

Die Videos zur Prüfung des LLS findet man auf beim R107 Schrauber auf Youtube

Das Stauscheiben Poti

Das Stauscheiben-Potentiometer (LMM-Poti) ist am Luftmengenmesser unterhalb des Mengenteilers meisten rechts angebracht. Das LMM Poti regelt die Volllastanreicherung sowie die Leerlaufregelung und gibt die Informationen nach dem Stand der Stauscheibe an das KE-Steuergerät weiter. Der LMM-Poti sitz rechts neben der Stauscheibe (Bild 5) und ist mit 3 Pins belegt.

Zur Prüfung benötigt man ein analoges Multimeter. Vor der Prüfung muss der Motor auf Betriebstemperatur gebracht werden. Prüfung nachfolgenden Schritten:

Motor starten bis Betriebstemperatur erreicht.

1. Messung mit einem analogen Multimeter zwischen Pin 1 und 3, Stecker leicht abziehen aber noch auf den Pins lassen. Spannungsmessung bei nicht ausgelenkter Stauscheibe und laufenden Motor zwischen **4,6 – 5,1 Volt**.

2. Messung mit einem analogen Multimeter zwischen Pin 1 und 2, Stecker leicht abziehen aber noch auf den Pins lassen. Spannungsmessung bei nicht ausgelenkter Stauscheibe und laufenden Motor zwischen **0,57-0,8 Volt**. Bei nur eingeschalteter Zündung bei ca. **0,2 Volt**

3. Messung mit einem analogen Multimeter zwischen Pin 1 und 2 bei abgezogenem Stecker, Motor und Zündung aus, bei nicht ausgelenkter Stauscheibe Widerstandsmessung bei **2,5 kOhm**.

4. Messung Anschlüsse wie Messung 3. Stauscheibe auslenken, Widerstand erhöht sich linear bis 8,5 kOhm ohne

Ausbruch des Zeigers am analogen Multimeter.

Sind die Schleiferbahnen (Bild 5a) beschädigt oder weisst das Stauscheibenpoti Fehler bei den Messungen auf, führt dies zu Übergangsproblemen, wie z.B. Leistungseinbrüche beim Beschleunigen und sägendem Leerlauf.

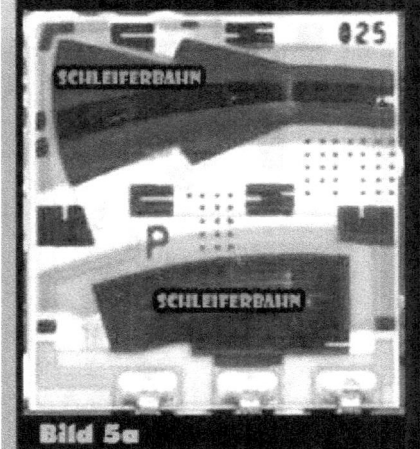

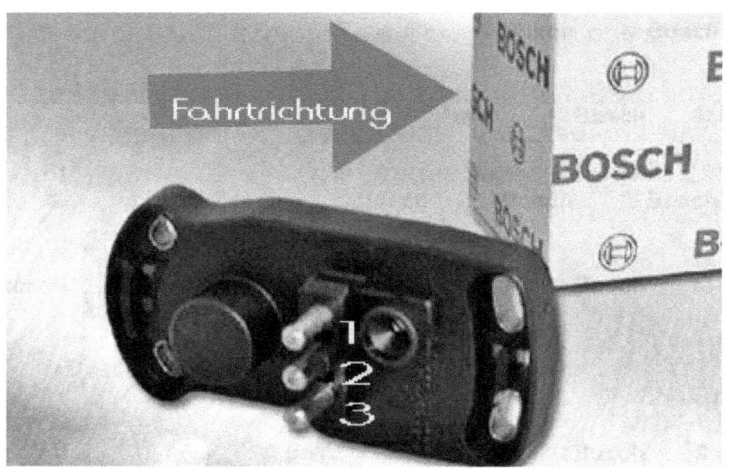

*(Bild zeigt die Belegung der Pins am Stauscheibenpoti
in der Einbaurichtung am Mengenteiler)*

Die Videos zur Durchführung der Prüfungen findet man beim
R107 Schrauber auf Youtube.

Das Elektro-Hydraulische Stellglied

Das Elektrohydraulische Stellglied (EHS) befindet sich links vom Mengenteiler (Bild 6) und ist mit einem 2-poligen Stecker mit dem KE-Steuergerät verbunden. Das Steuergerät ermittelt verschiedene Fahrzeugparameter wie die Drehzahl, Kühlmitteltemperatur, Stauscheibenstand, uw., verarbeitet die Daten und gibt den Steuerstrom an das EHS weiter. Das EHS regelt den Unterkammerdruck und steuert den Kraftstoff für die Oberkammer welcher dann der Verbrennung zugeführt wird.

Zur Prüfung Luftfilterkasten abnehmen, äußere Sichtprüfung: befinden sich Kraftstoffrückstände bzw. feuchte Stellen um das EHS muss das EHS getauscht oder die inneren O-Ringe gewechselt werden (Bild 7).

Zur Messung benötigt man ein digitales Multimeter mit Tastverhältnis und ein analoges Multimeter.

Anschluss digitales Multimeter mit Tastverhältnis mit Masse an der Diagnosebuchse auf Steckplatz 2, Plus auf Steckplatz 3.

Stecker vom EHS wird abgezogen, analoges Multimeter Plus an Stecker Belegung 1 anschließen, Vom Stecker Belegung 2 direkt auf Masse analoges Multimeter. Das Signal wird somit ein geschleift.

Zündung auf Stufe 2, analoges Multimeter auf Milliampere einstellen, Wert bei eingeschalter Zündung **75 mA.** Tastverhältnis 70.

Bei laufendem Motor, Tastverhältnis schwankend, analoges Multimeter **2-5 mA.**

2. Messung Widerstand, Multimeter direkt am EHS angeschlossen, Zündung und Motor aus, Widerstand zwischen **19,5-25 Ohm.**

Die Videos zur Durchführung der Prüfungen findet man beim R107 Schrauber auf Youtube.

Zum Ausbau des EHS, Stecker vorsichtig abziehen, das EHS befindet sich unter Kraftstoffdruck, vor dem Abschrauben zuerst die Kraftstoffleitung am Kaltstartventil lösen und den auslaufenden Kraftstoff mit einem Tuch abwischen. Beide Schrauben des EHS lösen, O-Ringe mit einem kleinen Schraubendreher aus dem Mengenteiler holen.

Die Grundeinstellung vom EHS ist bei Auslieferung 6,85mm (Einstellschraube Bild 7). Ist man sich nicht sicher, ob das vorhandene EHS schonmal verstellt wurde, führt man die Widerstandsmessung durch, sollte diese nicht wie gewünscht um die 20 Ohm liegen, löst man das EHS und löst die Einstellschraube auf der Rückseite, darunter kommt eine Madenschraube zum Vorschein, die Schraube sollte gemessen vom Kopf (nicht vom Innenimbus sondern vom Rand des Imbus) 6,50mm für ein mageres Gemisch 7,20mm für ein recht fettes Gemisch liegen.

Kaltstartventil

Das Kaltstartventil liefert bei kaltem Motor den

nötigen zusätzlichen Kraftstoff, der für den Start benötigt wird. Ein kalter Verbrennungsmotor benötigt mehr Kraftstoff und Luft beim Startvorgang, die Kaltstartventile sind mit einem Thermoschalter verbunden und liefern bei Temperaturen unter 35° C den zusätzlichen Sprit für die Verbrennung.

Prüfung und Sitz des Kaltstartventils KSV (Bild 8)

Stecker am Kaltstartventil abziehen.

Benzinleitung abschrauben (Kraftstoff tritt aus!)

Kaltstartventil abschrauben (Steckschlüssel SW5)

Verunreinigtes KSV mit Bremsenreiniger säubern

Ausgebautes KSV mit der Düse in ein Glas halten, Benzinleitung und Stecker wieder anschließen.

Hochspannungsleitung vom Zündverteiler abziehen (Fahrzeug muss nicht starten, ein paar Umdrehungen reichen)

Beim Startversuch sprüht das KSV einen feinen Benzinnebel in das Glas (Bild 9).

Vorsicht! beim Abschließen des Kaltstartventil! Leitung steht unter Druck Schutzbrille tragen und austretenden Kraftstoff auffangen.
Bei Arbeiten an den Zündleitungen muss die Zündung ausgeschaltet sein, Achtung Hochspannung!

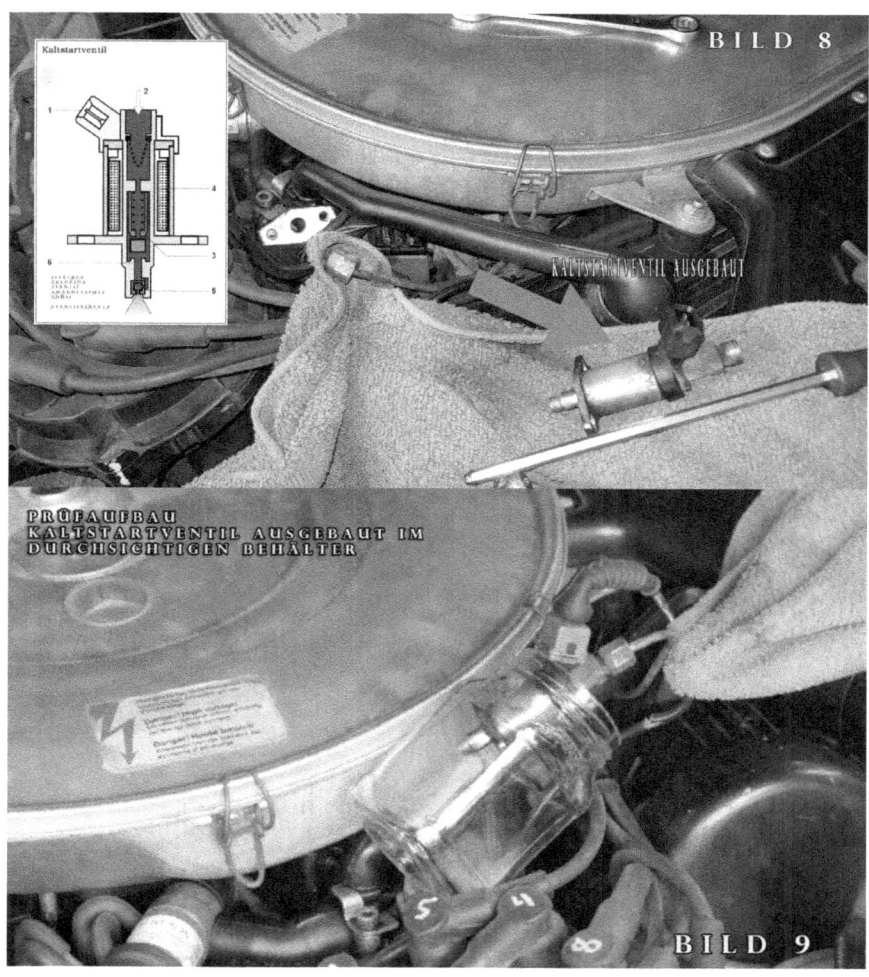

Die Videos zur Durchführung der Prüfungen findet man beim R107 Schrauber auf Youtube.

Kühlwassertemperaturfühler

Der Kühlwassertemperaturfühler KWTF ermittelt die Temperatur des Kühlwassers und gibt die Daten an das KE-

Steuergerät und an die Anzeige im Kombiinstrument weiter. Der KWTF befindet sich bei den 8 Zylinder Motoren vorne in der Nähe vom Leerlaufsteller (Bild 10), bei den 6 Zylinder Motoren in der Nähe der Stirnwand. Der KWTF B13 ist einpolig und meistens mit einem grünen Kabel verbunden.

Für die Prüfung des KWTF B13

Einpoliger Stecker abziehen

Zündung auf Stufe 2, Kühlwassertemperaturanzeige im Cockpit muss auf 40°C bleiben (bzw. auf niedrigstem Anzeigewert)

2. Prüfung: Stecker bleibt abgezogen und verbinden den Stecker mit einer Messleitung und das Ende der Messleitung

legen wir auf Masse.

Zündung auf Stufe 2, Kühlwassertemperaturanzeige im Cockpit springt auf über 120°C (bzw. höchster Anzeigewert)

3. Prüfung: wie 2. Prüfung zusätzlich wird zwischen der Masseleitung ein 68 Ohm Widerstand geschalten, Zündung Stufe 2, Kühlwassertemperaturanzeige muss ca. 80°C anzeigen.

Die Videos zur Durchführung der Prüfungen findet man beim R107 Schrauber auf Youtube.

Der Mengenteiler

Der Mengenteiler der KE-Jetronic verteilt den Kraftstoff abhängig vom Betriebszustand des Fahrzeugs an die Zylinderbrennräume. Er besteht aus einer Oberkammer (Systemdruck) und einer Unterkammer mit Prüfanschluss.

Die inneren Drücke des Mengenteiler können geprüft werden, die genauen Werte für die entsprechenden Motoren müssen hier im jeweiligen Werkstatthandbuch entnommen werden. Die Angaben für die folgenden Prüfungen beziehen sich auf einen V8 M117 Motor.

Für die Prüfung der Kraftstoffdrücke benötigt man 2 Manometer. Angeschlossen wird ein Manometer am rechten

Prüfanschluss der Unterkammer, dass andere Manometer am Anschluss Kaltstartventil (Bild 11)

Der Systemdruck (gemessen über den Anschluss Kaltstartventil) muss bei kaltem oder betriebswarmem Motor am Bsp. vom M117 zwischen **6,2 – 6,4 bar** liegen.

Der Unterkammerdruck muss bei betriebswarmem Motor ca. **0,4 bar unter** dem Systemdruck liegen (5,8 – 5,9 bar).

Achtung! Kraftstoffleitungen stehen unter Druck, Schutzbrille tragen.

Diese Prüfung wird bei laufendem Motor durchgeführt, die Kraftstoffzuleitung und Kraftstoffrückleitung unter dem Anschluss vom Kaltstartventil bleiben angeschlossen.

Achtung vor beweglichen Teilen, Viscolüfter und evtl. Zusatzlüfter.

Auf die Dichtigkeit der Prüfanschlüsse ist zu achten, undichte Anschlüsse *Leckagen* verfälschen die Prüfung.

Nach Abstellen des Motors muß der Kraftstoffdruck nach 30 Minuten noch einen Druck von **3 bar** aufweisen!

Fehler und Ursachen:

Wird der Systemdruck nicht erreicht

Kraftstoffpumpen prüfen

Membrandruckregler erneuern (Prüfung Membrandruckregler im nächsten Abschnitt)

Kraftstoffrücklauf-Leitung prüfen

Wird der Sollwert der Unterkammer nicht erreicht

Elektrohydraulisches Stellglied prüfen

Die Videos zur Durchführung der Prüfungen findet man beim R107 Schrauber auf Youtube.

Der Membrandruckregler (Systemdruckregler)

Der Membrandruckregler (MDR) oder KE-Systemdruckregler hält den Systemdruck konstant. Dieser MDR ist oft der Hauptverdächtige bei Warmstartprobleme.

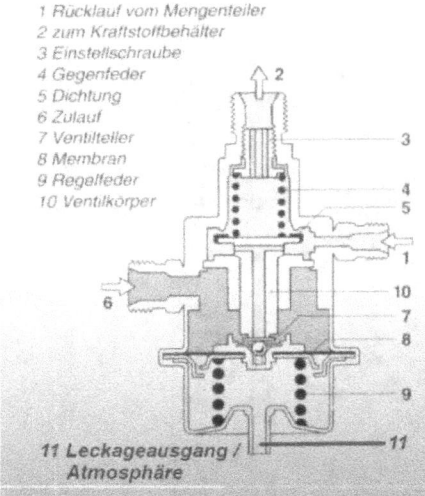

1 Rücklauf vom Mengenteiler
2 zum Kraftstoffbehälter
3 Einstellschraube
4 Gegenfeder
5 Dichtung
6 Zulauf
7 Ventilteiler
8 Membran
9 Regelfeder
10 Ventilkörper

11 Leckageausgang / Atmosphäre

Systemdruckregler
Der Systemdruckregler hält den Druck im Kraftstoffsystem konstant.
Bei der KE-Jetronic ist der hydraulische Gegendruck auf den Steuerkolben gleich dem Systemdruck. Der Steuerdruck muß genau eingehalten werden, weil sich eine Schwankung dieses Druckes direkt auf das Luft-Kraftstoff-Verhältnis auswirken würde. Dies trifft besonders auch dann zu, wenn sich die Fördermenge der Elektrokraftstoffpumpe und die dem Motor eingespritzte Kraftstoffmenge stark ändern.

Prüfung

Leckage Leitung am Ende abziehen (nicht am Membrandruckregler! Die Gummianschlusstülle ist fest mit dem MDR verbunden).

Motor starten und die Leitung leicht nach unten halten. Es darf kein Kraftstoff an der Leckage Leitung austreten! Motor abstellen, nach dem Abstellen darf nun auch kein Kraftstoff austreten.

MDR KE-Drossel Rücklauf prüfen

1. Die kleinere Leitung am MDR abschließen (Im Bild links, Vorsicht spritzender Kraftstoff, Schutzbrille tragen)

2. Diese in einen Messbecher halten. Der frei gewordene Anschluss am MDR wird verschlossen.

3. KPR überbrücken (30 und 87, 86 und 87 oder 7 und 8) für 2 Minuten.

4. Nach 2 Minuten sollte eine Menge von ca. 120 – 180 ml im Messbecher sein.

5. Ist die Menge über 200 ml ist der Mengenteiler defekt und muss überholt werden.

6. Ist die Menge unter 120 ml, EHS-Anschluss auf Verstopfung prüfen, EHS ggf. tauschen.

Der Ansauglufttemperaturmessfühler

Der Temperaturfühler für die Messung der Lufttemperatur sitz meist in der Nähe vom Viscolüfter am Ansaugstutzen.

Der Stecker ist 2-polig, für die Messung ist der Anschluss am Multimeter egal.

Der Messfühler ist ein NTC der bei wärmerer Temperatur einen geringeren Widerstand aufweist.

Abhängig von der Temperatur müssen folgende Werte

erreicht werden:

10°C	3,7 - 3,8 Ohm	1,7-2,1 Volt
15°C	3,1 – 3,3 Ohm	1,5 – 1,9 Volt
20°C	2,5 – 2,6 Ohm	1,3 – 1,6 Volt

Der Drosselklappenschalter

Der Drosselklappenschalter (DKS) ist in der Nähe vom Kaltstartventil (Bild 12)
Und ist 3-polig. Der DKS ist verantwortlich für die Leerlauf – und Volllasterkennung und gibt die Werte an das KE-Steuergerät weiter.

Die Belegung ist wie folgt:

Pin 1 (blau) Leerlauferkennung

Pin 2 (braun) Masse

Pin 3 (grün) Volllasterkennung

Gemessen wird der Widerstand dazu:

Stecker abziehen

Masse Leitung vom Multimeter an Pin 2

+ Leitung vom Multimeter an Pin 1
Das Messergebnis muss bei der Widerstandsmessung unendlich anzeigen.

Drosselklappe (über Regulierungsgestänge) etwas auf Vollgas ziehen = Widerstandsmessung zeigt sofort 0 Ohm an.

Für die Volllasterkennung

+ Leitung vom Multimeter auf Pin 3

Masse Leitung vom Multimeter bleibt auf Pin 2

Messergebnis ist gleich 0 Ohm

Lambdasonde

Die Lambdasonde erfasst die Gemisch Zusammensetzung und meldet die Information dem Steuergerät. Zusätzlich ist die Lambdasonde mit einer Heizung versehen, um schnell auf Betriebstemperatur zu kommen.
Bei Mercedesmodellen befinden sich die Steckerverbindungen der Sonde im Fußraum der Beifahrerseite.

Messung der Lambdasonde (1 poliger Stecker)

Anschluss Multimeter + Leitung an die schwarze Leitung

- Leitung Multimeter an Masse Fahrzeug

Zündung auf Stufe 2 = Multimeter zeigt 0,5 Volt

Motor starten = Lambdasonde wird heiß = Spannung zwischen 0,1 – 0,9 Volt.

Die Messung der Lambdasondenheizung

Zweipoliger Stecker abziehen
und die Spannung bei
laufendem Motor messen

Spannung entspricht der Bordspannung

Bild 13

Hauptrelais bzw. Überspannungsschutzrelais (ÜSR)

Das ÜSR schütz in erster Linie das Steuergerät und auch andere Endverbraucher vor Überspannung oder Verpolung. Das ÜSR besitzt eine eigene Sicherung im Deckel, bei Beanstandungen sollte diese Sicherung als erstes überprüft werden. Das Relais selbst kann aber durch gebrochene Lötstellen selbst auch defekt sein. Das ÜSR sitzt meist in der Nähe des KE-Steuergeräts (Bild 14).

Bei der Mercedes Modellreihe W126 entweder im Sicherungskasten oder an der Stirnwand, bei der Modellreihe R107 über dem Sicherungskasten im Beifahrerfußraum. Bei der Modellreihe W124 und W201 auf der rechten Seite im Motorraum nahe der Windschutzscheibe unter einer Kunststoffabdeckung.

Prüfung ÜSR

Multimeter auf Spannungsmessung

Zündung aus

Spannung zwischen Pin 30 (am Sockel ÜSR) und Masse

Sollwert Bordspannung (12V)

2. Messung

ÜSR leicht auf Sockel aufgesteckt

Multimeter an Pin 87 und an Pin 30

Ohne Zündung Sollwert Bordspannung

Bei erhöhten Standdrehzahlen und/ oder unrunden Motorlauf (auch wenn das ÜSR nach den Prüfungen i.O. sein sollte) ÜSR vom Sockel abziehen und alle Pins und die Buchsen im Sockel mit einem Sandpapier reinigen. Buchse etwas bewegen und Motorlauf bewerten. Es kann sein das der Sockel einen Wackelkontakt hat.

Unterdrucksystem und Magnetventil

Je nach Fahrzeugtyp und Ausstattung werden verschiedene Komponenten über ein Unterdrucksystem gesteuert. Dieses System hat Sperrventile und Magnetventile. Als erstes sollte man alle Unterdruckleitungen auf poröse und undichte Stellen absuchen. Vor allem die Übergänge und Anschlusstücke (Bild 15)

BILD 15

Der Unterdruck wird von der Ansaugbrücke entnommen, hier herrscht ein Vakuum. Zur Prüfung der Stellelemente und Ventile bieten sich kostengünstige Vakuumpumpen an. Das Bild zeigt ein recht günstiges Prüfset, welches auch zur Bremsanlagen Entlüftung verwendet werden kann.

Prüfung des Magnetventils (Bild 16) Die Magnetventile befinden sich bei den Mercedes Modellen entweder an der rechten oder linken Spritzwand.
Das Magnetventil hat mindestens zwei Anschlüsse und die Prüfung umfasst einmal eine Widerstandsmessung und eine Durchgangsmessung bei angelegter Spannung.

BILD 16

AUSGANG

EINGANG

Messung 1 Widerstand

Stecker abziehen und am Magnetventil
den Widerstand messen ca. 10-40 Ohm
Magnetventil wieder anstecken

2. Mann zur Prüfung hinzuholen, Zündung
   anmachen, Ventil muss kurz klacken

Unterdruckprüfung

Unterdruckpumpe am Eingang Magnetventil
Anschließen, Unterdruck aufbauen
Wenn das MV angesteuert wird, baut sich der
Unterdruck schlagartig ab.

Prüfung der Rückschlagventile

Die Rückschlagventile (Bild 17) haben i.d.R. eine
Durchlassrichtung, sie sind je nach Modell und Ausstattung
an verschiedenen Stellen verbaut.

Die Rückschlagventile sind entweder schwarz/grün,
schwarz/ weiss oder schwarz/ blau, die schwarze Seite ist die
Durchlassrichtung.

Geprüft wird mit einer Unterdruckpumpe (Vakuumpumpe
Bild), auf der schwarzen Seite darf sich kein Unterdruck
aufbauen lassen, auf der farbigen Seite hingegen muss sich

ein Unterdruck aufbauen und gehalten werden. Es wurden verschiedene Rückschlagventile in den Modellen über die Jahre verbaut, es gibt unterschiedliche Farbmarkierungen und Ausführungen, manchmal ist die Durchlassrichtung markiert, oftmals aber auch nicht. Wichtig ist das die Luft nur in eine Richtung durchströmen kann und das Ventil richtig verbaut ist.

Diese Rückschlagventile gibt es auch mit 2-3 Anschlüssen auf der Durchlassseite (schwarz), die Prüfung erfolgt analog.

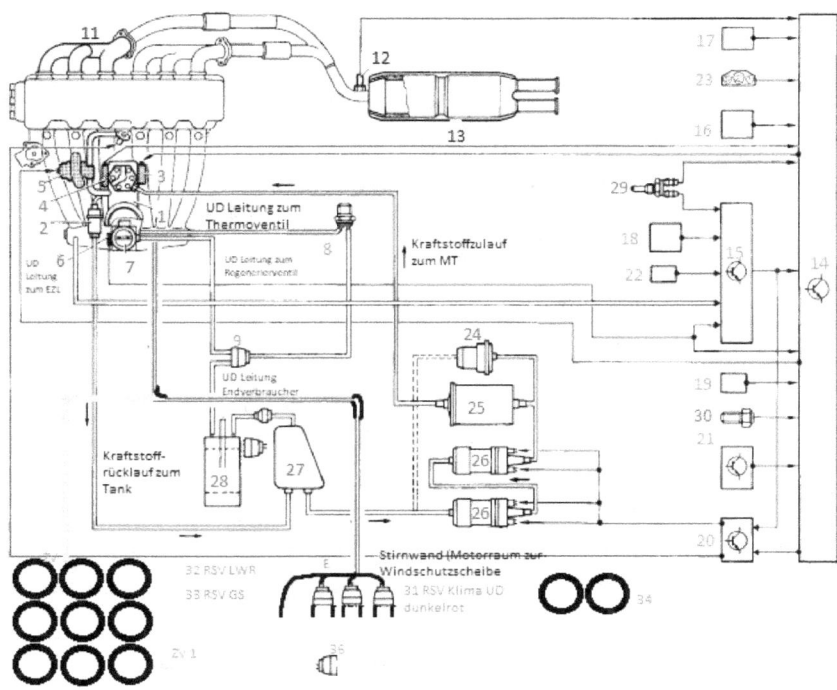

Hier ein Bsp. der Unterdruckanlage bei einem M103 Motor von Mercedes.

Thermoventile

Zusätzlich zu den Magnetventilen und Rückschlagventilen gibt es auch noch die Thermoventile. Thermoventile steuern temperaturabhängig verschiedene Komponenten. Diese Ventile sind meist in der Nähe des Motors untergebracht oder sitzen im Kühlmittelkreislauf. Die Ventile öffnen erst ab einer bestimmten Temperatur eine Bimetallsperre im Inneren des Ventils und lassen die Luft durchströmen. Diese Thermoventile haben i.d.R. 2 Anschlüsse, 1 Anschluss geht als Versorgungsleitung zur Ansaugbrücke, der andere Anschluss zum Endverbraucher welcher erst ab der vorgegeben Temperatur mit Unterdruck versorgt wird.

Die Thermoventile sind gleich wie die Rückschlagventile zu prüfen, unterhalb der Öffnungs-Temperatur- Grenze darf keine Luft von dem einen Anschluss zum anderen durchströmen, erst beim Erreichen der Öffnungstemperatur wird der Weg freigegeben. Die Temperatur, bei welcher das Ventil öffnet, steht an der Schlüsselaufnahme.

Kraftstoffpumpenrelais

Bei der KE-Jetronic steuert das KPR u.a. die Kraftstoffpumpen. Es gibt verschiedene KPRs.

Bei den Mercedes Modellen W126 befindet sich das KPR entweder im Sicherungskasten an der Stirnwand auf der linken Seite im Motorraum oder in der Nähe vom Steuergerät an der Stirnwand.
Bei der Mercedes Modellreihe R107 befindet sich das KPR hinter der Handschuhfacheinlage. Bei der Modellreihe W124 auf der linken Seite im Motorraum unter einer Kunststoffabdeckung.

Zieht man das KPR ab sieht man am Sockel und auch an der Unterseite des KPR die Belegung (Bild 18 und 18a).

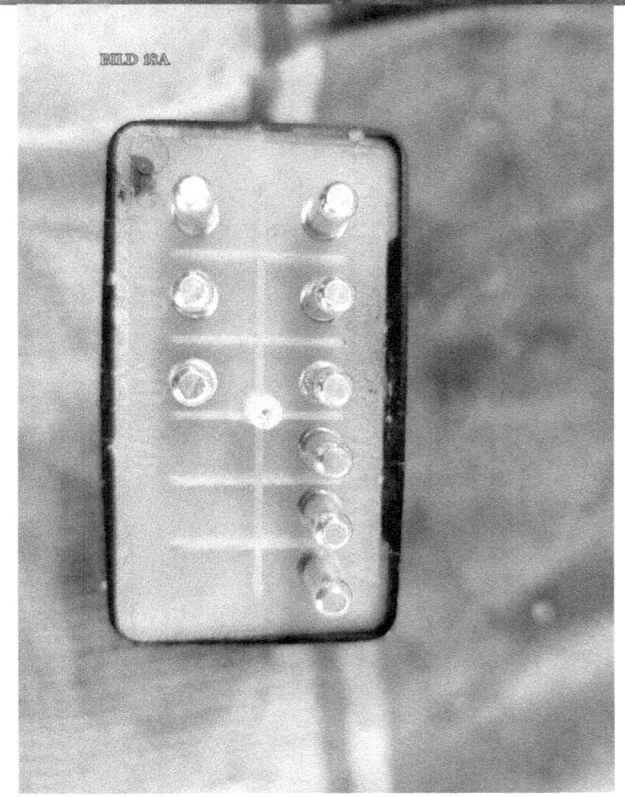

Für die 1. Prüfung wird das KPR nicht benötigt, geprüft wird bei abgesteckten KPR die Belegung am Sockel.

Multimeter auf Spannungsmessung
+ Leitung auf Belegung 30 und – an Masse
Bei ausgeschalteter Zündung
muss Bordspannung angezeigt werden

2. Prüfung wieder am Sockel

Multimeter auf Spannungsmessung
und Zündung ein
+ auf Buchse 15 und – an Masse
Multimeter muss Bordspannung anzeigen

3. Prüfung wieder am Sockel

Zündung ist aus
Multimeter auf Spannungsmessung
+ an Buchse 30 und – an Buchse 31
Multimeter muss Bordspannung anzeigen

4. Prüfung am KPR leicht eingesteckt im Sockel

Multimeter auf Spannungsmessung
+ an KPR Pin 87 – an Masse
Fahrzeug Zündung ein, Motor starten
Multimeter muss bei laufendem Motor die Bordspannung anzeigen.

Die hier aufgezeigten Prüfungen von einzelnen Komponenten der KE-Jetronic sollen dazu dienen evtl. Fehlerquellen bzw. defekte Bauteile der KE-Jetronic zu identifizieren und bei Defekt auszutauschen.

Dazu müssen, wie zu Anfang erwähnt die Grundvorrausetzungen (Zündgeschirr, Einspritzung, Zündverteiler und Zündspule) i.O. sein.

Die hier angegeben Werte aller Messungen beziehen sich auf die V8 Motoren mit KE-Jetronic. Viele Referenzwerte sind für alle Motoren mit KE-Jetronic identisch, trotzdem sollten die Messwerte für den jeweiligen Motor aus den passenden Werkstattunterlagen entnommen werden. Diese Buch erhebt kein Anspruch auf Vollständigkeit.

Die Prüfungen werden auf dem Youtube Kanal: Mercedes R107 Schrauber ebenfalls vorgestellt.

Arbeiten an Fahrzeugen erfordern besondere Fachkenntnisse. Beauftragen Sie immer für Reparaturen und Wartung eine Vertragswerkstatt. Die hier gezeigten Beiträge ersetzen keinesfalls die Fachliteratur und dient als Anregung und Informationsweitergabe.
Für Schäden jeglicher Art wird keine Haftung übernommen!

JOCHEN JAHN

Vorsicht bei Arbeiten und Prüfungen an der Zündanlage!

BOOKS BY THIS AUTHOR

Prüfungen Und Reparatur Vdo Tempomaten

Prüfungen und Reparatur der VDO Tempomaten

Mythos K-Jetronic: Prüfungen Der Kontinuierlichen Einspritzung Von Bosch

Sämtliche Prüfungen und Reparaturen der K-Jetronic

Mercedes R/C 107 Geschichte Und Kaufberatung

Einblicke in die legendäre Mercedes SL Reihe 107

Bosch Heizungsventil Duobventile Und Monoventile

Membranheizungsventile

Mache Dich Einzigartig

In einer Welt, die ständig im Wandel ist, ist es entscheidend, dass wir uns kontinuierlich weiterentwickeln, um unser volles Potenzial zu entfalten. Dieses Buch ist Ihr persönlicher Leitfaden zur Selbstverbesserung und Persönlichkeitsentwicklung.

Schritt für Schritt führt es Sie durch die Schlüsselelemente, die für eine ganzheitliche Entwicklung erforderlich sind. Von der Stärkung Ihres Selbstbewusstseins über die Verbesserung Ihrer zwischenmenschlichen Beziehungen bis hin zur Entfaltung Ihrer Kreativität und Leidenschaft - hier finden Sie praktische Strategien und Übungen, die Ihnen dabei helfen, Ihr Leben auf eine neue Ebene zu heben.

Mercedes X92 Prüfkupplung Fehler Auslesen Und Löschen Anleitung

Das dauerhafte Leuchten der SRS Kontrollleuchte bei den Mercedes Klassikern verhindert die erfolgreiche TÜV Abnahme.
In dieser Anleitung wird beschrieben wie die Fehleranzeige und das Löschen der Fehler an der X92 Kupplung funktioniert. Alles was dazu benötigt wird sind 3 Messleitungen.

Mercedes R107 Kombi-Instrument Ausbauen Und Zerlegen - Uhr Reparieren

In dieser Anleitung wird Schritt für Schritt der Ausbau des Kombi-Instrument, das Zerlegen des Kombi-Instrument und die Instandsetzung der analogen Uhr bei der Modellreihe R107 beschrieben. Bebilderte Anleitung genau erklärt.

Mercedes Sl R107 Innentemperatur Fühler Reparieren Und Prüfen

In dieser Reparaturanleitung wird die Instandsetzung und die anschließende Prüfung des Innenraumtemperatursensor beschrieben. Wie prüfe ich, ob mein Sensor in meinem Mercedes R107 noch richtig funktioniert und wie ersetze ich diesen Temperaturfühler für die Steuerung der Innenraumtemperatur